AF468887

T. 2650.
O K.

COUP-D'OEIL

SUR

LES MALADIES LES PLUS IMPORTANTES

QUI RÈGNENT DANS UNE DES ILES LES PLUS CÉLÈBRES DE LA GRÈCE;

OU

TOPOGRAPHIE MÉDICALE

DE L'ILE DE LEUCADE, OU SAINTE-MAURE.

PAR

ALPH. FERRARA,

DOCTEUR EN PHILOSOPHIE ET EN MÉDECINE, MEMBRE DU COLLÉGE ROYAL DES CHIRURGIENS DE LONDRES ET DE PLUSIEURS AUTRES SOCIÉTÉS SAVANTES.

Paris.

CROULLEBOIS, LIBRAIRE, RUE PIERRE-SARRAZIN, N° 14.

1827.

IMPRIMERIE DE CHASSAIGNON, RUE GIT-LE-CŒUR, N° 7.

A Son Excellence

LORD COMTE DE GUILFORD,

PAIR D'ANGLETERRE,

FONDATEUR DE L'UNIVERSITÉ ÎONNIENE, etc. etc. etc.

Hommage dû à la noble et vertueuse générosité du Protecteur philantrope des Iles Ionniennes, dont le génie éclairé répand tant de bienfaits sur les habitans d'une terre illustre par ses antiques souvenirs, en encourageant les Sciences, les Lettres et les Arts,

Par son très-humble
Et très-obéissant serviteur,

ALPH. FERRARA.

COUP-D'OEIL

SUR

LA TOPOGRAPHIE MÉDICALE

DE

L'ILE DE SAINTE-MAURE.

Cet opuscule n'offrira qu'un exposé succinct de matières qui seront plus tard l'objet de travaux plus complets.

Description topographique.

Sainte-Maure, autrefois Leucade, (1) l'une des îles de la mer Ionniene (2), est située à 38° 36' de latitude septentrionale, et à 18,° 18', 30" de longitude de Paris, entre Corfou qui est au nord-ouest, Cephalonie et Ithaque qui sont au sud, et à une petite distance de la côte d'Arcanie, ancienne province d'Épire, près du golphe de l'Arta, où est le cap Actium, célèbre par la bataille qui anéantit le

(1) Dans les médailles de cette île on lit : ΛΕ-ΛΕΥΚΑΔ-ΛΕΥΚΑΔΙΩΝ.

(2) J'ai demeuré sept ans aux îles Ionnienes, et particulièrement à Sainte-Maure en qualité de médecin de l'armée anglaise et de l'hôpital de Leucade, fondé par le général Ross. Pendant ce temps j'ai parcouru toutes ces îles à diverses reprises ; j'ai fait plusieurs excursions dans le continent de la Grèce, pour visiter les endroits les plus célèbres, accompagnant le général Ross, dont je n'oublirai jamais la bonté et la générosité.

pouvoir d'Antoine et rendit Octave maître de Rome.

Cette île était anciennement unie au continent par un isthme. Homère en parlant de Nérice, capitale de Leucade, affirme que c'était une ville située sur le continent d'Arcanie (1). Cette opinion d'Homère, selon Strabon, était fondée sur l'union de cette île avec le continent; cet illustre géographe rapporte que des Corynthiens envoyés par Cepsale et Gergase, après s'être emparés de tout le pays qui s'étend jusqu'au golfe d'Ambracia, enlevèrent l'isthme et formèrent ainsi une île. Aujourd'hui dans le même lieu où était l'isthme, on aperçoit une suite de lagunes qui, de l'île se prolongent jusqu'au continent; un long banc de sable commence au-dessous même d'Amaxachi, capitale de l'île, et s'avance jusqu'au bord opposé de la terre ferme.

L'île a environ dix lieues de longueur, et cinq de large. Elle est traversée par une chaîne de montagnes escarpées. La plus élevée se trouve au centre. Au midi est le fameux promontoire connu sous le nom de *Saut de Leucade,* formé d'une roche d'environ 130 pieds de hauteur. La mer vient continuellement briser ses flots contre elle, et s'élève en écumant jusques sur ses flancs escarpés. Les bords de l'île sont semés d'écueils et de bancs de sables jusqu'à une certaine distance, ce qui rend

(1) Odiss. l. 24.

la navigation dangereuse en ce lieu, surtout à l'éqoque des courans qui y sont très communs. (1)

Le voyageur, à l'aspect de ce rocher célèbre, ne peut s'empêcher d'éprouver une forte émotion. Il contemple avec étonnement tous les objets qui l'environnent : le temps qui abat avec la même faux les plus beaux ouvrages sortis de la main des hommes et les monumens de leur crédulité, a jeté dans l'oubli ce lieu autrefois témoin des scènes les plus lugubres, et dont le souvenir fait encore frémir. Le temple consacré à Apollon où on offrait à ce Dieu d'horribles sacrifices, est anéanti.

Cette île ne possède pas de rivières considérables, et la raison en est qu'un grand nombre de montagnes se prolongent jusqu'aux bords de la mer, ou jusqu'aux lieux qui l'avoisinent. On y trouve beaucoup de sources claires d'eau douce qui fournissent à tous les besoins des habitans.

Les montagnes sont presque toutes nues et stériles; mais les plaines et les vallées étalent la richesse de la plus belle végétation, et seraient susceptibles des plus riches productions si plus de bras pouvaient être employés à leur culture. On rencontre dans plusieurs endroits des bois agréables et pittoresques, dont le sol au printemps, est couvert de mille fleurs qui répandent au loin une odeur délicieuse, charment les yeux autant par la vivacité

(1) *Mox et Leucatæ nimbosa cacumina montis, et formidatus nautis aperitur Apollo*. æneid. liv. 3.

que par la variété de leurs couleurs. Pendant les chaleurs de l'été leurs ombrages offrent une fraîche retraite destinée au silence. La plaine qui entoure la capitale est un magnifique jardin. Au couchant de la ville et à deux lieues de distance environ, est un petit vallon où viennent se rendre les eaux qui, tombées pendant l'automne et dans l'hiver, forment une espèce de lac d'environ une lieue de circuit. L'eau reste dans ce lieu jusqu'à la fin du printemps, alors en s'évaporant peu à peu, elle abandonne le terrain qu'elle a fertilisé.

Dans toute l'étendue de l'île où la position du terrain permet aux eaux de se réunir, rien ne s'opposant à leur rassemblement, elles deviennent stagnantes, et rendent l'île très marécageuse. Au midi de la capitale sont établies des salines assez grandes pour subvenir aux besoins des habitans, et pour fournir à une exportation assez considérable.

Amaxachi est située au nord-ouest (1); au-dessous d'elle commence le banc de sable qui sépare l'île du continent, et qui n'est autre chose comme nous l'avons dit, qu'une suite de lagunes et de terres marécageuses. La citadelle, séparée de la ville par un ancien aqueduc qui sert à présent de passage aux gens à pied, est au nord de cette dernière,

(1) On croit que l'ancienne Leucade qui donnait son nom à l'île, était au midi à peu de distance de cette ville, peut-être dans l'endroit même de Nérice dont parle Homère. Les salines sont établies dans cette partie de l'île.

sur une langue de terre qui s'élève au milieu des lagunes. Cette ville est très petite et compte à peine sept mille habitans. Aucun plan régulier n'a été observé dans sa construction. Une seule grande rue, qui n'offre rien de remarquable, la traverse d'un bout à l'autre. Les maisons n'ont presque toutes qu'un étage. Cette mesure est très prudente à cause des fréquens tremblemens de terre auxquels l'île est exposée. On a récemment construit des maisons à plusieurs étages, et leur architecture n'est pas sans élégance. Un grand nombre d'elles présentent à l'extérieur des galeries agréables, nécessaires dans un pays très chaud pour jouir de la fraîcheur à certaines heures de la journée. L'intérieur de la ville offre un coup-d'œil désagréable ; il est entretenu d'une manière extrêmement négligée, ce qui contribue, avec les marais, à rendre l'air insalubre. Les habitans manquent de soins de propreté pour leurs personnes, pour leur habillement et pour leur maisons.

Cette île renferme trente-deux villages, qui, réunis à la ville, comptent en tout seize mille habitans.

Les habitans se nourissent d'herbages et de poissons, dont ils font une pêche considérable, et dont la viande est généralement molle et grasse. Ils usent aussi beaucoup d'huile dans leurs mets, et mangent très peu de viande.

Climat.

Le climat varie dans toutes les saisons de l'année. Il est frais en hiver, mais toujours très pluvieux et très humide dans cette saison. Le printemps humide et pluvieux dans ses commencemens, est quelquefois doux et chaud vers sa fin. L'été est brûlant et même suffoquant. Lorsque le vent du nord soufle, la chaleur de l'été est supportable, elle se prolonge fort souvent jusques dans le cours de l'automne; mais à compter de la moitié de cette saison les pluies sont abondantes, et l'atmosphère se charge d'une humidité extraordinaire.

Les vents du nord et d'ouest, et souvent ceux d'orient prédominent pendant l'été; et en hiver les vents de l'est et du sud. Le vent qui vient du continent et qui traverse le golfe de l'Arta est mal sain, parce que les eaux de ce golfe sont stagnantes et corrompues, et il s'en exhale des vapeurs délétères.

Cette île est mal saine par l'humidité extraordinaire, la chaleur brûlante qui y règne une grande partie de l'année et par les marais dont elle est parsémée.

Influence du climat et d'autres causes sur la santé et le caractère des habitans.

L'influence délétère produite par les exhalaisons pestilentielles des marais, l'air humide et chaud qui prédomine dans cette île, le vent soufflant du côté du golfe de l'Arta et portant avec lui des émanations pernicieuses, la mauvaise nourriture dont font usage les habitans, ainsi que la malpropreté, sont des causes qui impriment à l'économie animale des prédispositions désavantageuses. Ainsi on observe qu'ils ont, en général, une couleur pâle, une constitution faible; ils sont minces, d'une taille élevée, leur poitrine est étroite, leur ventre gros. Ils sont prédisposés aux engorgemens des viscères abdominaux. Ils ont un penchant irrésistible pour la paresse. Leur esprit est triste et n'est guère susceptible de faire éclater des transports de joie même dans les plus heureuses circonstances de la vie. C'est l'inverse de ce qu'on observe chez les habitans des régions élevées et qui respirent un air pur.

ÉNUMÉRATION DES PRINCIPALES MALADIES QU'ON OBSERVE PARMI LES HABITANS DE CETTE ILE.

Tetanos.

Parmi les affections du système nerveux, celle qui nous a frappé d'avantage et qui mérite d'être mentionnée ici, est le *tetanos*. Cette affection apparaissait pendant les plus fortes chaleurs de l'été; il y avait contraction des muscles du dos, la tête était portée en arrière, le corps arqueboulé (*opisthotonos*). Les facultés intellectuelles quelques fois semblaient intègres pendant le cours de la maladie, ainsi que les organes des sensations; d'autrefois, le malade était plongé dans un coma profond : la machoire inférieure était fortement resserrée (*trismus*) : La respiration devenait génée de plus en plus, à proportion que le malade approchait de sa fin : fort souvent cette affection débutait par l'assoupissement; son invasion était subite, sa durée peu longue, sa terminaison mortelle; elle était rebelle à tout traitement. On ne sait rien de concluant sur la nature et le siège de cette maladie, puisque tantôt selon les uns, on ne trouve rien sur les cadavres; selon les autres, c'est une affection de la moëlle épinière; selon quelques-uns, son siège est dans le cerveau, et certains pathologistes regardent cette affection comme étant de nature inflammatoire. Malgré tant de travaux, on ne peut rien assurer à cet égard. Pendant notre séjour dans l'île de Sainte-Maure, c'était en ville, et non pas à l'hôpital, que nous avons observé cette affection, et malheureuscment les préjugés des habitans nous ont empêché de profiter des observations cadavériques. Cependant d'après les travaux publiés dans ces derniers temps sur le système nerveux par un physiologiste distingué, par la nature des symptômes nous sommes portés à croire que le siége de cette affection est dans la moëlle allongée.

Quoiqu'il en soit nous ne pensons pas qu'on puisse considérer cette affection comme une maladie des fluides, ainsi qu'on pourrait le penser d'après quelques auteurs, qui regardent l'hystérie, l'épilepsie, la catalepsie, affections de même nature, comme des maladies dépendantes des fluides, de même que la pléthore et l'anémie (1).

Affecctions de la poitrine.

La petitesse de la poitrine, ainsi que les variations atmosphériques fréquentes dans cette île, prédisposent aux affections des organes renfermés dans cette cavité.

Péripneumonie.

La pneumonie est une affection qu'on observe dans l'île de Leucade vers le printemps comme partout ailleurs. Il est inutile de rappeler ici les symptômes, et les dérangemens organiques qui accompagnent cette maladie ; surtout après les travaux immortels de M. Laënnec, le plus grand phatologiste de notre siècle, lequel, au moyen du sthetoscope, précieux instrument dont il est l'auteur, nous a dévoilé les moindres opérations morbides, qui ont lieu dans cette affection. Nous ne pourrions que copier

(1) On est étonné de lire dans les prolégomènes d'un ouvrage de clinique, le passage suivant : « Nous devons nous hâter de dire que les maladies de *fluides* sont bien plus rares que celles des solides; nous pensons que c'est aux premiers qu'appartiennent certaines maladies générales, telles que *l'hystérie*, *l'épilepsie*, *la catalepsie*, *la pléthore*, *l'anémie*, *etc.* » A l'égard de l'hystérie, de l'épilepsie et de la catalepsie, n'est-il pas vrai que l'auteur ne veuille parler que des maladies du fluide du *magnétisme animal* ?

ce que cet illustre auteur, dont on pleure la perte récente, a consigné dans sa seconde édition sur l'auscultation médiate; ouvrage qu'à juste titre on peut considérer comme un monument des véritables découvertes pathologiques de notre époque.

A l'égard du traitement on ne pourrait non plus dire quelque chose sur la valeur thérapeutique de la saignée, qui ne se trouve indiquée dans les auteurs : mais il n'en est pas de même relativement à l'emploi de certaines substances, surtout de l'émétique. Les esprits superficiels, imbus des préjugés qu'une prétendue nouvelle doctrine leur a transmis, ayant les yeux complettement fascinés, ne voient et ne jurent que par le talisman de l'irritation ; là où la théorie phantastique d'une physiologie antiphysiologique ne peut pas soumettre les faits, on les condamne sans rien y comprendre. Quoiqu'il en soit de l'opinion de ce tourbillon, qui ne suit que l'impulsion reçue, nous ne devons considérer les faits que dans leurs véritables rapports, bases de toute saine physiologie ; en n'envisageant donc que les faits, voici les rapports que nous trouvons entre l'action de l'émétique, et la pneumonie :

1° L'action de l'émétique enflamme la muqueuse poulmonaire. Nous ne faisons pas ici mention de ce que cette action produit dans les autres parties de l'organisme, parce que cela ne nous est pas nécessaire pour l'objet qui nous occupe. Ce qu'on appelle proprement pneumonie n'est autre chose que l'inflammation de cette même muqueuse qui atapisse les cellules pulmonaires, dont les parties sont si minces, que cette muqueuse ne peut s'enflammer sans qu'en même temps ne soit attaqué le tissu composant les parois de ces cellules, puisque les dernières ramifications vasculaires qui fournissent la sécrétion muqueuse dans les cellules en composent le tissu. Il est superflu d'ajouter qu'il existe encore une petite quantité de tissu cellulaire pour les lier.

2° La section ou tout autre genre d'affection de la branche pneumonique de la 8ème paire, entraîne l'inflammation du poumon.

3° L'émétique agit sur les points des organes encéphalo-rachidiens, d'où naissent les nerfs pneumo-gatriques.

D'après ces données, il est évident que les affections de cet organe, surtout dans l'état aigu, doivent se trouver sous l'influence du système nerveux qui s'y distribue : si cela est, tout ce qui agit puissamment sur ces parties du système nerveux, lesquelles sont les points d'où dévivent les influences les plus puissantes, doit nécessairement modifier son action sur les poumons ; par conséquent l'action de ces agents doit modifier à son tour, lorsque l'organe est affecté, le procédé morbide qui y existe. Cette influence ne peut avoir que deux résultats, ou agraver le mal, ou le combattre.

Nous ne discuterons pas ici la valeur des opinions des contro-stimulistes ou des homéopathistes, cela nous obligerait d'entrer dans l'examen approfondi de ces systèmes, pour y reconnaître ce qu'il y a de raisonnable dans les manières de voir de Rasori, ou d'Hanneman; discussion qui nous entraînerait trop loin. Quoiqu'il en soit, en n'admettant que les faits, unique guide de l'observateur, nous sommes forcés d'avouer les bons effets de l'émétique contre la pneumonie ; et ce, d'après les travaux faits dans le dernier siècle en Allemagne, ainsi que d'après ceux entrepris dans le siècle actuel, en Italie et en France. Au reste, n'est-il pas vrai que les substances nauséabondes ont été employées par les praticiens dans les affections catharrales de la poitrine ainsi que dans la coqueluche ? Ne sait-on pas que le kermès a été très vanté contre les inflammations des organes pulmonaires? Daprès ces résultats, si l'action de l'émétique sur le système nerveux, produit une inflammation dans l'état de santé, son mode d'action en combattant la pneumonie générée par toute autre cause, nous oblige à reconnaître que cette action réveille une influence nerveuse d'une nature opposée à celle qui existe pendant la péripneumonie. Nous devons ajouter cependant que par les lumières que nons fournit la véritable physiologie, les observations pourront être faites avec une plus grande connaissance de cause; et la question maintenant agitée parmi les thérapeutistes, pourra être mieux résolue ; ce sera le fruit des nouvelles recherches que publiera plus tard sur ce sujet le physiologiste qui s'est tant occupé de l'action de ces substances.

Tubercules pulmonaires.

Il n'est pas rare d'observer des tubercules pulmonaires chez les habitans de Sainte-Maure. Sur une cinquantaine de personnes mortes de maladies de poitrine dont j'ai fait l'autopsie, j'en ai trouvé trente-cinq dans les poumons desquels il y avait des tubercules.

Scrophules.

Les scrophules sont une affection endémique dans cette île. Cette maladie se manifeste surtout en hiver où le temps est humide, froid et pluvieux, et vers l'équinoxe du printemps, saison chaude, humide et variable, conditions propres à favoriser le développement des scrophules, particulièrement dans un pays marécageux. Nous ne faisons point ici mention des autres causes, telles que la mauvaise nourriture, les habitations humides, sombres et mal aérées, ni de l'âge, ni du sexe, où elles apparaissent principalement, non plus que des complications et des suites de cette complication ; choses bien décrites d'ailleurs par tous les observateurs. Nous fixerons seulement notre attention sur le vague et le peu de justesse qui existe dans les théories qu'on a émises sur cette maladie.

BIBLIOTHÈQUE ROYALE

Il serait superflu de rapporter ici toutes les opinions erronées et antiques ; mais il n'est pas hors de propos de faire connaître les plus récentes. Ainsi, selon un certain professeur,

« L'affection scrophuleuse est en quelque sorte l'exagération du tempérament lymphatique ; car ces dispositions constitutionnelles exagérées, la maladie existe. Dans cet état, il y a à la fois activité des bouches absorbantes, grande facilité d'absorption, inertie des vaisseaux lymphatiques, faiblesse des absorbans, et par conséquent stagnation et épaississement des liquides absorbés. La même chose a lieu dans le tempérament lymphatique, caractérisé par l'activité des bouches absorbantes et la débilité du système lymphatique ». Plus bas il ajoute : « La réplétion du système lymphatique, chez les scrophuleux, nuit à l'activité de la nutrition ; leur accroissement s'achève plus tard, le durcissement des os se fait moins vite, et cette particularité, en facilitant le développement du cerveau, rend l'intelligence plus précoce, mais quelquefois produit l'idiotisme, lorsque l'ossification des os, se faisant trop long-temps attendre, le cerveau acquiert d'énormes dimensions, se gorge d'humeurs séreuses, dont l'accumulation constitue l'hydrocéphale. »

N'est-il pas étrange de trouver, d'un côté de l'activité dans les bouches absorbantes des vaisseaux lymphatiques, et de l'autre l'inertie de ces mêmes vaisseaux? N'est-il pas encore étrange de voir la réplétion du système lymphatique nuire d'un côté à la nutrition, et de l'autre, faciliter le développement du cerveau et rendre l'intelligence plus précoce, ou, chose admirable! y causer l'idiotisme? A la vérité, tout étonnement cesse, quand on sait que cet auteur est un *littérateur physiologo-nosographico-chirurgico-philosopho-antilogique.*

Que doit-on penser de l'opinion de ceux qui n'attribuent la production des scrophules qu'à l'irritation des vaisseaux blancs? Est-ce que les vaisseaux blancs sont ceux qui président aux changemens de la nutrition? est-ce que les vaisseaux blancs sont les seuls atteints dans les ulcérations scrophuleuses? Nous ne ferons pas voir ici la contradiction où tombent ces auteurs, lorsque d'ailleurs ils veulent que tout phénomène nutritif ne dépende que de la seule action des vaisseaux sanguins. Au reste, toutes ces manières de voir ne conduisent aucunement ni à la connaissance des véritables dérangemens de l'organisme, ni à celle des procédés au moyen desquels ils ont lieu. Ne vaut-il pas mieux d'avouer notre ignorance que d'avancer des erreurs, ou des mots qui, voulant dire beaucoup et tout expliquer, ne disent rien? Est-ce que nous connaissons pourquoi dans les muscles, dans le cerveau, dans les tendons, etc., le mode de nutrition est divers? Nous ne pouvons que reconnaître les résultats admirables des phénomènes de l'organisme sans en pouvoir pénétrer la cause; avouons donc franchement que nous ignorons pourquoi les ganglions lymphatiques se trouvent changés en matières tuberculeuses, les parties s'ulcèrent, etc. Cependant lorsqu'on voit disparaître le tissu naturel à ces organes, et qui est remplacé par une substance de nature diverse, on peut parvenir à indiquer le procédé au moyen duquel s'effectue ce changement. Lorsque l'action morbide atteint un organe selon la nature et les modificationspropres à chaque maladie, les fonctions des parties composantes se modifient aussi. Dans le cas qui nous occupe, cette modification se porte particulièrement sur les phénomènes de l'élaboration nutritive, les fluides exhalés dans l'intérieur des tissus morbides sont composés d'une partie coagulable, et d'une liquide; or, cette dernière attaque la composition ordinaire des tissus, les dissout et ensuite les emporte, étant resorbés, pendant que la partie coagulable exhalée les remplace. C'est au moyen d'un tel procédé que le changement successif des parties affectées a lieu; et même plus tard la matière coagulable qui a remplacé les tissus ordinaires, finit par être à son tour attaquée par les fluides exhalés. C'est alors que la matière tuberculeuse se fond et se ramollit. Ce procédé, que nous notons ici à l'égard des scrophules, est celui au moyen duquel ont lieu tous les changemens dans nos tissus, quelles que soient leur nature et leur composition, soit dans l'état de santé, soit dans celui de maladie. La différence ne consiste que dans les modifications des actions propres à chaque tissu, et non pas dans le procédé. Pourquoi ces modifications particulières? c'est ce que nous ne pouvons pas assigner. La production des ulcères scrophuleux a aussi lieu par un semblable procédé. L'ulcération et le changement de tissu, ne diffèrent qu'en ce que, dans celui-ci il y a remplacement de tissu, ou déposition de matière exhalée; dans l'autre, il y a simple perte sans remplacement; cela dépend surtout de la position des parties affectées. Les ulcérations n'ont lieu qu'à la surface libre des tissus. La matière exhalée au fur et à mesure qu'elle est produite, se détache; mais si dans la partie ulcérée la matière exhalée par sa force plastique s'organise et fait partie des tissus affectés, alors, selon la bonne ou mauvaise nature de sa composition, elle produit la cicatrisation, les fungosités, les callosités, etc. La formation des ulcères peut avoir lieu aussi par un autre procédé que nous indiquerons plus bas. Ce sujet, qui est de la plus haute importance, et que nous ne notons qu'en passant, ne peut être bien traité sous tous ses rapports que dans un ouvrage où les phénomènes de la vie seront exposés dans leur marche successive; parce que ce sujet suppose la connaissance des rapports d'absorption et d'exhalation de nos tissus; ainsi que celle des rapports des matières exhalées et absorbées dans les phénomènes de nutrition et de dénutrition. Ce travail sera publié par un de nos amis, qui y exposera la théorie de la nutrition normale et anormale, ainsi que celle de l'ulcération.

Maladies des yeux.

Une des affections bien graves, soit par l'effet du climat, soit par la mauvaise constitution des sujets, est l'ophthalmie. Cette maladie entraîne avec elle la perte des yeux, ou elle passe à l'état chronique, surtout si la constitution du malade est scrophuleuse. La conjonctive des paupières est aussi affectée. J'observerai en passant, que dans cette dernière affection, j'ai cautérisé avec le nitrate d'argent la muqueuse des paupières, où j'ai excisé les points boursoufflés de cette membrane avec avantage.

Les cataractes ne sont pas rares chez les habitans de Sainte-Maure. Je dirai que nous avons souvent employé avec succès la méthode de sir Williams Adams, célèbre oculiste anglais; méthode qui consiste, comme on sait, à rompre la cataracte avec l'aiguille, et la mêler à l'humeur aqueuse, pour obtenir sa plus prompte dissolution et son absorption (1).

Ulcères aux jambes et théorie de leur formation.

Les ulcérations aux extrémités inférieures sont un effet de la mauvaise constitution des sujets. On les observe surtout chez ceux qui sont affectés d'en-

(1) *Voyez* Adams Practical observations *on eutropium, artificial pupil, and cataract. London*; 1812.

gorgemens des viscères abdominaux. Nous pensons que la cause de ces ulcérations est la stase du sang dans l'extrémité veineuse des membres inférieurs, laquelle stase a lieu par l'obstacle que doit nécessairement éprouver le retour du sang vers le cœur. Cet obstacle vient 1° de la pression variée que l'engorgement des viscères gastriques fait éprouver au système veineux abdominal; 2° de ce que le foie engorgé empêche le libre retour du sang de la veine cave au cœur. Cette étiologie de la production des ulcères vient se corroborer par l'ensemble des faits suivans que nous offrirons ici d'une manière abrégée.

1° Les ulcères sont plus nombreux aux extrémités inférieures, que partout ailleurs.

2° Ils apparaissent plus facilement à l'époque de la vieillesse, que dans la jeunesse et l'âge mûr.

3° Les œdèmes des extrémités inférieures précèdent la production des ulcères, et ils ne commencent fort souvent que par l'apparition de petites éruptions vésiculaires ou pustuleuses. Cet œdème disparaît par le repos et par la position horizontale. Cet engorgement est à son *maximum* le soir et à son *minimum* le matin. L'œdème ne s'observe que dans les seules extrémités où l'ulcération se développe.

4° Les ulcérations sont plus fréquentes chez les personnes dont les veines des extrémités inférieures sont variqueuses.

5° Elles sont aussi plus fréquentes du côté gauche

que du droit ; sans doute parce que le sang veineux de l'extrémité gauche remonte plus difficilement, par la pression qu'il doit ressentir de la part des matières fécales renfermées dans les dernières portions du gros intestin où elles se trouvent naturellement endurcies.

6° Les personnes qui sont souvent affectées de tels ulcères, sont celles qui sont forcées de mener une vie pénible en demeurant long-temps debout, ainsi qu'on l'observe chez les hommes de peine, les corroyeurs, etc.

7° La production des ulcères est encore plus fréquente chez les hommes que chez les femmes, parce que les premiers mènent une vie active et sont toujours debout, les secondes restent sédentaires.

8° Les ulcères chez les femmes apparaissent plus facilement à l'époque de la grossesse, et l'on sait qu'à cette époque ils sont plus rebelles.

9° Chez ceux qui font usage de jarretières, surtout s'ils les serrent fortement, les ulcérations aux jambes ont lieu plus aisément, et même c'est une des causes de récidive pour ceux qui en ont souffert.

10° A toutes ces circonstances il faut ajouter celle qui offre la méthode curative, telles que la position horizontale, le repos, l'application des bandelettes aglutinatives appliquées de manière à produire une certaine compression, la ligature des veines superficielles, leur section, incision ou resection ; on y pourrait même ajouter l'effet de la pression atmosphérique; car les ulcères sont plus rebelles à guérir dans les lieux élevés que dans ceux qui sont au niveau de la mer.

11° Enfin, ce qu'on met en usage dans les précautions hygiéniques pour empêcher la récidive ; savoir l'usage d'un bas de peau de chien bien serré autour de la partie cicatrisée, l'éloignement de l'application des jarretières, le repos, la position horizontale.

Maintenant il ne faut que jeter un coup-d'œil sur toutes ces circonstances pour voir que la station droite long-temps prolongée, les engorgemens du rectum et des dernières parties du colon, produits par les matières fécales ; les obstructions des viscères abdominaux, l'augmentation du volume de l'utérus dans l'état de grossesse, la diminution de la pesanteur de l'air dans les lieux élevés ; enfin, la compression exercée par les jarretières, sont des causes qui favorisent la stagnation du sang dans les veines des extrémités inférieures. Il faut de plus, observer que cette stagnation a lieu dans les veines superficielles et non dans les profondes, attendu que le cours du sang dans ces dernières est favorisé par le battement des artères qu'elles accompagnent, et par l'action des muscles qui les compriment de tous côtés ; tandis que les veines sous-cutanées se trouvent trop loin de ces deux influences pour pouvoir se décharger facilement ; c'est ici qu'il faut remarquer que chez ceux qui font des efforts avec les membres inférieurs, bien qu'ils les mettent continuellement en action, la stase dans les veines superficielles n'en arrive pas moins au degré de produire des varices, et c'en est même une des causes les plus fréquentes. Voici la raison de ce dernier phénomène ; lorsqu'on fait un effort où tous les muscles des extrémités inférieures entrent dans une forte action, leur contraction comprime d'abord très énergiquement les vaisseaux placés au milieu d'eux ; le sang est forcé de refluer sur les points éloignés de leur action, c'est-à-dire dans les veines sous-cutanées. Par l'obstacle qui s'oppose au cours du sang des veines profondes, il en résulte que le sang apporté par les artères ne pouvant pas trouver un débouché, est forcé de cheminer vers les veines superficielles. A ces causes qui apportent une majeure affluence de sang vers ces dernières veines, il faut ajouter l'osbtacle que ce même sang rencontre pour se dégorger dans le cœur. Dans tout effort d'une partie quelconque, à l'action partielle de ses muscles, vient naturellement s'ajouter la contraction de ceux qui environnent le tronc, ce qui produit une compression sur les viscères renfermés dans le thorax et dans l'abdomen, et généralement sur les vaisseaux de ces cavités, compression qui ne peut que peser sur ceux des extrémités inférieures. Toutes ces causes donc produisent l'engorgement des veines superficielles et par conséquent, c'est dans ce même engorgement vasculaire que nous devons trouver la cause de l'œdème et des ulcères. Voici comment l'œdème est produit d'abord : le dernier effort de cette stase doit aboutir dans les vénules, surtout dans celles qui sont en continuation immédiate avec les artères capillaires. Cette distension est commune aux vénules, soit profondes, soit superficielles; mais nécessairement elle devra être plus grande dans les vénules les plus superficielles. Les profondes ressentent toujours l'influence compressive des muscles, tandis que les superficielles ne se trouvent que sous l'influence de leur propre *rétractilité*, et en effet le premier phénomène qu'on observe est l'engorgement œdémateux des membres, surtout du pied et de la jambe, où il s'offre d'une manière évidente. Nous notons en passant que communément on attribue cet engorgement au défaut d'absorption des vaisseaux lymphatiques, idée peu conforme à la véritable observation, puisqu'au moment où les muscles des extrémités inférieures entrent en contraction, cette contraction, par la disposition des vaisseaux lymphatiques, au lieu de favoriser leur engorgement, doit faciliter leur dégorgement. En effet, les vaisseaux lymphatiques ont leurs racines absorbantes isolées; c'est de la réunion successive de leur ramuscules que leurs troncs sont formés. Or, comme l'action absorbante de leurs racines est indépendante d'une force *a tergo*, comme cela a lieu dans la circulation veineuse, il en résulte que dans les lymphatiques on doit observer un effet opposé à celui qui a lieu dans les veines ; ainsi lorsque l'action musculaire comprime les rameaux et les troncs lymphatiques, ceux-ci de toute nécessité doivent se vider ; or, par les obstacles qu'opposent les valvules qui sont dans l'intérieur de ces vaisseaux lymphatiques, le reflux ne pouvant s'effectuer du côté des racines absorbantes, la lymphe doit par conséquent suivre son cours naturel et se dégorger par le canal thorachique. Une fois que les troncs sont vides par le relâchement de l'action musculaire, la lymphe qui se trouve accumulée dans leur racines doit nécessairement affluer vers les troncs.

Ce que nous venons de rapporter est relatif au cas où aucune tumeur ne comprime directement les troncs supérieurs de ces vaisseaux lymphatiques; car autrement le défaut de circulation produirait l'engorgement de ces vaisseaux et nécessairement le défaut d'absorption : il est donc évident qu'il faut chercher la cause de l'œdème dans l'obstacle qu'éprouve le cours du sang veineux.

Un physiologiste des plus distingués de notre époque a déjà prouvé que l'absorption et l'exhalation sont les propriétés de tous les tissus organiques; il a prouvé de plus que les vaisseaux tant veineux qu'artériels absorbent en même-temps. Par cette nouvelle théorie, on conçoit plus facilement la production de l'œdème. En effet, l'obstacle qu'éprouve le cours du sang veineux produit l'engorgement des gros vaisseaux, et cet engorgement doit être plus considérable dans les plus petites vénules. Le flux du sang artériel doit y produire une forte congestion, qui doit se faire ressentir aussi dans les derniers ramuscules artériels, lesquels sont en continuation avec les racines veineuses. Cet engorgement, produit d'un côté l'augmentation de l'exhalation dans ces vaisseaux, et de l'autre, la diminution de l'absorption : savoir, la production de l'œdème.

La production de l'œdème est le premier degré pour ainsi dire des effets de la stagnation sanguine ; mais si cette stase devient plus grande dans quelques points, les ramuscules vasculaires finissent par s'engorger plus fortement, l'exhalation augmente, les parties s'irritent, peuvent même s'enflammer, d'où résultent ces éruptions vésiculaires ou pustuleuses. Nous avons vu précédemment que la stase du sang a lieu moins facilement dans les parties profondes que dans les superficielles : il est donc évident que ce sont ces dernières parties qui doivent être les premières affectées.

Dans cette maladie, l'ulcération dépend de la stase et non pas de l'effet de l'absorption ulcérative, comme on le pense généralement, ce qui est prouvé par ses symptômes ; car quelquefois des effets semblables ont lieu dans les membres œdémateux, en conséquence des affections du cœur ou de l'obstruction des vaisseaux veineux. A cela il faut ajouter la nature des matières qu'on trouve à la surface des ulcères; c'est une espèce de détritus qui se détache des points ulcérés. Il nous semble qu'on peut déduire de ce qui précède, que l'ulcération est un effet de la gangrène de quelques capillaires vasculaires, accompagnée de l'inflammation des parties environnantes.

Maintenant on conçoit facilement comment agit la ligature, la section, l'excision des veines qui sont en rapport avec les parties ulcérées, ainsi que les bandages compressifs, la position horizontale, etc. Dans toutes ces manières d'opérer on force la circulation des veines superficielles à devenir moindre ou nulle, et à s'accélérer en même-temps dans les veines profondes. Une fois que le sang artériel a trouvé un facile débouché vers ces derniers vaisseaux, il s'en dégorge facilement: de là il résulte que toutes les vénules capillaires se mettant dans un nouveau rapport avec les veines par des anastomoses déjà existantes, ce nouveau mode de circulation se développant de plus en plus, fait que la circulation des capillaires superficiels s'accélère proportionnellement, et de là s'ensuivent la réorganisation des parties et la cicatrisation.

Ici nous ne venons d'envisager que la théorie en général; et il est inutile de faire mention de bien des circonstances particulières capables de modifier et de contrarier ces résultats, ce qui sera soigneusement examiné dans le travail de notre ami.

Colite.

Outre les variations atmosphériques, le climat chaud et humide, les miasmes marécageux, on doit compter pour cause puissante de la colite le régime diététique des habitans de l'île de Sainte-Maure. Ils commettent les irrégularités les plus subites et les excès les plus opposés; comme nous aurons l'occasion de le dire par la suite; à ces causes on doit ajouter la mauvaise constitution générale des habitans, surtout la tendance qu'ont les viscères gastriques à être affectés.

La colite aiguë s'offre quelquefois avec les symptômes de la diarrhée, mais le plus souvent avec ceux de la dyssenterie. L'une et l'autre de ces nuances tendent presque toujours à l'état chronique, dont la durée est variable selon que cette maladie précède ou suit d'autres affections. La colite est ordinairement une suite de la gastro-entérite; il est moins fréquent d'observer le fait opposé: savoir, la colite précédant la gastro-entérite, ou, en d'autres mots, la marche descendante de l'affection de la muqueuse du tube digestif est plus fréquente que la marche ascendante. En général, la colite chronique a une terminaison funeste.

Nous avons trouvé à l'autopsie, sur la muqueuse du gros intestin, tantôt une rougeur plus ou moins foncée, tantôt les follicules muqueuses enflammées, prenant l'aspect de boutons déprimés dans leur centre, tantôt des ulcérations, offrant des bords calleux et irréguliers. Souvent autour de ces ulcères on trouvait de la matière tuberculeuse, etc., selon l'état aigu ou chronique de la maladie. L'engorgement des ganglions lymphatiques correspondans au lieu affecté, offrait un degré de désorganisation plus ou moins grand: ordinairement c'était de la matière tuberculeuse qu'on y rencontrait.

Fièvres.

Les fièvres périodiques sont endémiques dans l'île de Sainte-Maure ; elles sont tantôt bénignes, tantôt pernicieuses, tantôt simples, tantôt compliquées, selon la saison, la température de l'atmosphère et l'influence des vents qui prédominent.

Influence des saisons sur la production des fièvres.

Pendant l'hiver et le printemps il est rare de rencontrer des fièvres intermittentes dans cette saison.

Dans l'été, au contraire, les fièvres périodiques sont très communes. Elles sont simples dans le commencement de cette saison ; leur type est tierce ou quotidien; mais plus tard les fièvres intermittentes pernicieuses apparaissent sur la scène, offrant des symptômes variés et d'un caractère insidieux : très souvent on observe les fièvres intermittentes compliquées avec les continues.

La gravité et le nombre de ces affections étaient

plus considérables dans l'été, si le printemps avait été pluvieux; car les marais étant plus étendus, une plus grande quantité d'exhalaisons pestilentielles infectaient l'atmosphère; tandis que, si le printemps avait été sec, ces effets pernicieux étaient moindres pendant l'été, par la raison que l'étendue et le nombre des marais étaient diminués. Je dois ajouter que les effets étaient moins pernicieux lorsques le vent du nord prédominait.

En automne, les fièvres intermittentes se présentaient avec le type des fièvres quartes, compliquées quelquefois de dévoiement, et quelquefois de dysenterie. Ces fièvres laissent à leur suite des obstructions dans le mésentère, dans la rate et dans le foie. On observe aussi dans d'autres cas des fièvres lentes.

Nature, complications et conséquences des fièvres.

Les fièvres rémittentes se présentaient ordinairement avec les caractères propres aux affections appelées bilieuses par les anciens. Les fièvres intermittentes offraient, tantôt des symptômes qui émanaient d'une affection gastrique, et tantôt se présentaient sous l'aspect d'une affection cérébrale; mais ce dernier cas était moins fréquent que le premier. Les fièvres pernicieuses, qui ont leur siège dans les organes de la poitrine, se montraient plus rarement.

Les fièvres intermittentes laissent à leur suite des

engorgemens des viscères abdominaux. Les engorgemens du foie apportent de la gêne dans la circulation de la veine porte, le sang demeure en stagnation dans les vaisseaux mésentériques, et de là résulte une diminution d'absorption du système sanguin et une augmentation dans l'exhalation. Les obstructions des ganglions lymphatiques du mésentère apportent un obstacle à l'action des vaisseaux absorbans qui s'y rendent et contribuent à produire le même effet.

Les ascites causées par les désordres organiques des viscères abdominaux sont des complications qui ne font qu'agraver la maladie première dans des sujets d'une mauvaise constitution. Il est inutile de parler de la gravité d'un tel désordre ainsi que de celle des fièvres rémittentes et intermittentes, car elle dépend de l'intensité de la maladie, de l'importance de l'organe affecté et de l'état de la constitution des malades. Ainsi les fièvres intermittentes simples étaient de facile guérison, tandis que les pernicieuses compromettaient la vie des malades, si l'on ne s'empressait de les combattre. Les fièvres quartes étaient de longue durée ; et, en général, la convalescence se prolongeait d'autant plus que les viscères abdominaux étaient plus affectés.

Traitement.

A l'égard de la méthode curative, les fièvres simples étaient attaquées avec succès par le quinquina.

Mais si une fièvre continue venait à les compliquer, le traitement anti-phlogistique devait être employé pour combattre cette dernière, avant l'administration du quinquina. Il fallait user de la même méthode s'il y avait complication d'inflammation de quelque viscère. Dans les fièvres intermittentes pernicieuses, la prompte administration de ce médicament héroïque, pendant les intervalles du paroxysme fébrile, était le seul moyen de sauver les malheureux qui en étaient atteints. Dans les fièvres rémittentes j'ai mis en usage avec le même succès les affusions froides pendant la période de la chaleur, surtout lorsque la peau était sèche et la chaleur mordicante.

Pour combattre les engorgemens des viscères abdominaux je ne trouvai aucun moyen plus utile que le changement de climat, un exercice musculaire modéré, et un régime diététique convenable.

Quant à l'ascite, je n'ai jamais dirigé ma méthode curative dans le seul but d'évacuer le fluide que renfermait le péritoine ; mes premiers soins étaient de combattre l'engorgement des viscères abdominaux, cause de l'absorption diminuée, et de l'exhalation augmentée, et je n'ai employé les diurétiques que comme moyens secondaires.

Craignant de dépasser les bornes de cet opuscule nous omettons des particularités qui auraient pu présenter de l'intérêt. Nous nous contenterons seulement de rapporter les observations suivantes :

PREMIÈRE OBSERVATION.

Affaiblissement de la sensibilité et de la motilité du côté gauche, céphalalgie du côté droit. Fièvre rémittente, symptômes gastriques, mort. Ramollissement de l'hémisphère droit, rougeur gastro-intestinale.

Marie Sandinopolo, d'une constitution nerveuse, âgée de seize ans, entra à l'hôpital de Leucade le 16 septembre 1817. Elle était atteinte d'une fièvre rémittente. Elle offrait un dérangement notable dans le système nerveux. Dès l'âge de 14 ans elle avait eu une paralysie du côté gauche de la face. Elle fut attaquée de cette maladie avant la première apparition des menstrues. Cette attaque de paralysie fut précédée de pesanteur de tête, de céphalalgie, de vertiges et d'éblouissemens. La sensibilité du côté gauche de la face était engourdie, ainsi que la motilité. Depuis cette époque elle ressentit dans les membres du côté gauche, dans le bras surtout, des fourmillemens; les mouvemens de ces parties devenaient de plus en plus difficiles; leur sensibilité diminuait. Il y avait à l'époque où nous l'observâmes, affaissement du côté gauche de la face. Lorsqu'elle riait ou qu'elle éternuait, ce côté restait impassible, et elle ne pouvait fermer exactement les paupières du même côté. Il y avait diminution des fonctions sensoriales du côté gauche. Les membres affectés offraient une diminution remarquable dans leur motilité; la sensibilité de toute la moitié gauche du corps était affaiblie.

A trois heures du même jour elle eut un accès de fièvre avec frisson, suivi de chaleur; pendant le paroxysme nous remarquâmes que le côté paralysé était devenu plus affecté; en même temps la malade était tourmentée par une céphalalgie intense du côté droit. Elle était dans un abattement extrême, offrant des signes de stupeur, décubitus sur le dos, avec une apparence manifeste de prostration générale. La prunelle du côté gauche était un peu dilatée, la peau chaude, le pouls fréquent, la langue rouge et sèche; il y avait constipation, la respiration était un peu gênée. Ce paroxysme fut de longue durée, et il n'était pas encore fini, lorsqu'un nouvel accès fébrile plus intense que le précédent, apparut le 17. Les symptômes de celui-ci furent plus alarmans qu'ils n'avaient été jusqu'alors, et la malade succomba le 18 septembre à une heure du matin.

Autopsie 26 heures après la mort : *Abdomen*, la muqueuse gastro-intestinale était légèrement rosée; le colon et la vessie étaient sains. *Poitrine* : les organes thoraciques n'offraient rien de remarquable. *Tête* : après avoir ouvert le crâne et incisé la dure-mère, on remarqua de la sérosité un peu opaque entre l'arachnoïde et la pie-mère de l'hémisphère droit. Les circonvolutions de la partie supérieure de cet hémisphère étaient un peu affaissés et plus épaisses que les circonvolutions environnantes. Le cerveau cédait à la pression des doigts plus facilement que partout ailleurs. L'endroit ramolli avait deux pouces environ de circonférence. Ce ramollissement s'étendait à peu près à un pouce de profondeur, et offrait une couleur verdâtre. Il y avait peu de sérosité dans le ventricule droit; partout ailleurs dans l'encéphale il n'y avait rien de remarquable.

REMARQUES.

La nature des symptômes, ainsi que la progression de la maladie, indiquaient l'affection chronique du cerveau avec ramollissement : le côté affecté et la céphalalgie du côté droit faisaient soupçonner une affection du cerveau de ce côté, ce que l'autopsie a confirmé. Nous ne dirons pas que la rougeur et la sécheresse de la langue pendant les paroxysmes fébriles, étaient un indice de gastro-entérite ; et l'autopsie a fait voir une légère phlogose de la muqueuse digestive. Il est à remarquer que parmi tous les symptômes de l'affection chronique, c'était la paralysie de la portion dure de la septième paire qui était la plus intense. Enfin, on a vu que l'affection chronique est devenue plus grave pendant les paroxysmes fébriles, et c'est à l'exaspération aiguë de cette affection que nous attribuons la mort de la malade.

DEUXIÈME OBSERVATION.

Fièvre intermittente pernicieuse, symptômes gastriques, abdomen douloureux à la pression, coma, paralysie, et dilatation de la pupille du côté gauche, mort. Inflammation du péritoine de l'estomac, des intestins grêles; engorgement de la rate, du foie, ramollissement du corps strié de l'hémisphère droit.

Nicolas N, âgé de 34 ans, d'une faible constitution, avait souffert de temps à autre des indispositions provenant d'un dérangement des organes gastriques. Le 15 juillet 1818 vers midi, quelque temps après avoir mangé, il ressentit des frissons avec des tremblemens, suivi de chaleur et de sécheresse de la bouche, de soif, d'abattement universel, et d'un certain assoupissement. Pendant la nuit il fut couvert d'une sueur abondante. Le 16 au matin, il se sentit épuisé, quoiqu'il y eût rémission complète des symptômes. Vers les onze heures de la même matinée, il fut attaqué d'un nouvel accès plus violent que le précédent, la chaleur était plus intense. Vers trois heures après midi il entra à l'hôpital de Leucade. Voici les symptômes qu'il présenta : peau sèche, chaleur mordicante, plus intense à la région épigastrique qu'ailleurs, pouls fort et fréquent, donnant 122 pulsations par minute; bouche sèche, soif, langue rouge sur ses bords surtout, légère douleur à l'abdomen, sous la pression, céphalalgie, coma léger qui ne l'empêchait pas de répondre aux questions qu'on lui faisait, urines rouges et très chargées, respiration presque dans l'état ordinaire, sueur pendant la nuit. Le 17 au matin rémission des symptômes, grand abattement dans les forces du malade. Il prend du quinquina qu'il vomit quelques instans après ; à dix heures nouvel accès plus intense que le précédent, offrant, après la période du frisson, un coma profond, pupille dilatée. Il répondait difficilement aux questions qu'on lui adressait; pupille gauche plus dilatée que la droite, soubresauts des tendons, décubitus sur le dos; les membres du côté gauche lorsqu'on les soulevait retombaient promptement ; ceux du côté droit n'offraient pas les mêmes phénomènes. La différence de sensibilité était peu marquée; mais dans l'un et l'autre elle était moindre qu'à l'ordinaire. Lorsqu'on comprimait l'abdomen, le malade s'éveillait en donnant des signes de douleur manifeste; les traits du visage étaient tirés en haut. Ce paroxysme fut plus long que le précédent.

Le 18 au matin rémission bien moins apparente que le jour précédent, paroxysme vers huit heures et demie; coma profond, altération des traits du visage plus remarquable que dans le paroxysme précédent ; pupille gauche plus dilatée, flaccidité des membres du côté gauche, respiration gênée, pouls fréquent et faible: le malade succomba vers une heure après midi. *Autopsie. Abdomen.*

Dans la cavité du péritoine j'ai trouvé une sérosité peu abondante, mais trouble; la séreuse était légèrement enflammée, la muqueuse de l'estomac rouge, celle des intestins grêles rosée; la muqueuse des gros intestins n'offrait rien de remarquable. La rate était engorgée ainsi que le foie, la vésicule du fiel contenait de la bile à l'état liquide; la vessie était pleine et légèrement distendue, la muqueuse était dans l'état ordinaire. *Thorax* : les viscères de la cavité de la poitrine étaient dans l'état naturel; les poumons un peu engorgés. *Tête* : on observait dans les vaisseaux de la pie-mère un léger engorgement; l'hémisphère gauche du cerveau présentait une consistance ordinaire; mais on remarquait un léger ramollissement vers le corps strié de l'hémisphère droit.

REMARQUES.

D'après le mauvais état de la constitution du malade et la nature pernicieuse de l'affection fébrile, qui tendait d'une manière insidieuse à acquérir la période d'intermittence, la maladie n'a pu être vaincue par l'administration du quinquina, parce que ce médicament était vomi par le malade. La gravité du mal fit des progrès rapides et le malade succomba. La nature des symptômes du paroxysme fébrile indiquait une affection gastrique compliquée de péritonite et de maladie cérébrale. L'autopsie a confirmé ce rapport, puisque, outre la gastro-entérite et la péritonite, nous avons trouvé un ramollissement du corps strié droit qui prouvait évidemment l'affection du côté gauche.

TROISIÈME OBSERVATION.

Fièvre rémittente, gastro-entérite.

Spiridion G, menuisier, âgé de 27 ans, d'une constitution robuste, entra le 3 août 1818 dans l'hôpital de Leucade Il présentait les symptômes suivans : céphalalgie frontale, visage animé, chaleur âcre au toucher, peau sèche, pouls très fréquent et fort, soif ardente. Ces phénomènes étaient l'effet d'un paroxysme fébrile qui avait commencé trois heures auparavant, et qui était celui d'une fièvre quotidienne, dont les accès apparaissaient presque à la même heure. D'après les renseignemens que me fournit le malade dans l'intervalle des accès, j'appris qu'il ne cessait pas de souffrir, quoiqu'il y eût diminution des symptômes. Le 4 au matin, diminution des symptômes de la veille, mais toujours céphalalgie ; chaleur, fréquence du pouls, etc. La langue était rouge sur ses bords ; plus tard un léger frisson, qui fut suivi de symptômes plus intenses que le jour précédent. Pendant la période de cette exaspération, on administra des affusions froides, qui produisirent une diminution notable dans l'ensemble des symptômes. On donna le quinquina.

Le 5, le paroxysme s'offrit avec moins d'intensité; une seconde affusion froide produisit un effet semblable à celui qu'on avait obtenu dans l'accès précédent; après la sueur il y eut rémission complète des symptômes; nouvelle administration de quinquina, convalescence.

REMARQUES.

La fièvre rémittente dont était affecté Spiridion G, était une gastro-entérite. Les affusions froides pendant les périodes de la chaleur, non-seulement diminuèrent les symptômes du paroxysme, mais encore laissèrent assez de calme pendant la rémission de la fièvre, pour permettre l'administration du quinquina, qui arrêta complètement la fièvre. Cette observation confirme les remarques des praticiens qui ont traité des fièvres. Ils avaient observé que lorsque la fièvre intermittente est compliquée d'une affection continue, il fallait combattre cette dernière avant d'attaquer la première par le quinquina. Les affusions froides étaient indiquées dans la période d'exaspération, et non pas dans celle de rémission, par la raison qu'employées dans le paroxysme, elles combattent à la fois et l'affection continue, et l'accès intermittent : de cette manière on abrège la durée du paroxysme; la rémittence devient plus marquée, et même peut disparaître complètement; en sorte que la fièvre peut passer du type rémittent à l'intermittent. Le quinquina alors administré dans les intervalles, peut facilement prévenir de nouveaux accès.

Scorbut.

Le scorbut est une affection endémique de l'île de Sainte-Maure. Les personnes qui en sont atteintes sont les habitans pauvres qui, à l'influence malsaine de l'air sur leur organisme, ajoutent une mauvaise nourriture et la malpropreté. Ils logent dans des maisons humides et privées de l'action du soleil ; conditions qui rendent plus pernicieuse l'influence de l'humidité de l'atmosphère. Le temps où l'on observe surtout cette maladie, est celui où l'air chargé de vapeurs, est froid. C'est principalement dans la saison d'hiver que le nombre des malades augmente ; mais lorsque la belle saison et les chaleurs de l'été viennent à ranimer l'organisme de ces malheureux habitans, les ravages de cette affection cessent.

Les symptômes que présentent ceux qui en sont affectés sont une paresse bien plus grande que celle qui est naturelle aux habitans de cette île. Ils éprouvent un sentiment si puissant de langueur, qu'ils semblent être las et fatigués par des travaux pénibles. Ils ressentent une pareille sensation même après le repos du sommeil. La gêne est extrême dans tous les mouvemens musculaires. Les muscles de la respiration en éprouvent aussi un effet marqué. Le teint des malades est blême ; leurs extrémités inférieures deviennent œdémateuses ; des taches brunes, rouges, ou bleuâtres, apparaissent dans différens points de la surface de leur corps; les gencives se gonflent, et saignent au moindre attouchement: ils éprouvent des douleurs vagues dans différentes parties du corps, surtout dans les viscères des cavités thoracique et abdominale; l'haleine est fétide; une faiblesse extrême, accompagnée de défaillance se fait sentir au moindre mouvement; des hémorrhagies ont lieu dans plusieurs points de l'organisme. Enfin des ulcères de mauvaise nature se manifestent. Les mouvemens se trouvent alors presque paralysés, et les malades expirent fort souvent en faisant un léger effort.

Le principal moyen pour empêcher les ravages d'une telle affection, consiste dans l'éloignement des causes qui l'ont produite : l'alimentation d'une nourriture saine et facile à être digérée, l'exercice modéré des fonctions locomotives, ainsi que l'entretien d'une excitation générale sur le système dermoïde. La méthode curative est aussi fondée sur des semblables données. Quant aux prétendus anti-scorbutiques, nous ne les avons pas trouvés plus efficaces que tout autre moyen.

Ce qu'on a avancé jusqu'à ce jour relativement à la production de cette maladie, est si vague et si peu exact, qu'il ne mériterait pas même d'être rappelé. Cependant comme on vient tout récemment de faire revivre d'une manière emphatique des idées depuis long-temps abandonnées il est bon d'en dire quelques mots.

Les humoristes ne voyaient dans le scorbut que l'effet d'une dissolution âcre, alcalescente ou putride des humeurs. C'est une idée semblable qui vient d'être renouvelée. Les solidistes persuadés que l'affection était dans les solides, ne reconnaissaient dans cette maladie qu'un effet de l'épuisement de l'irritabilité. Quoiqu'il en soit de ces idées, lorsque la science fait de nouveaux progrès, en exposant les nouvelles découvertes les erreurs tombent par elles-mêmes. Les travaux entrepris depuis long-temps par un physiologiste des plus distingués pour parvenir à la connaissance de la véritable théorie du scorbut, l'ont conduit à découvrir que l'action de l'eau sur le sang est la cause principale de cette affection, en modifiant en même temps les propriétés du tissu vasculaire. La mauvaise nourriture augmente de tels effets, 1° pour ne pas pouvoir empêcher ou neutraliser le mauvais effet de l'action de l'eau sur le sang; 2° en produisant le délabrement dans les solides de l'organisme. Les effets dépendans de ces causes viennent d'être confirmés par des résultats d'une autre nature : c'est que les différentes parties de l'économie animale qui jouissent de la propriété d'être facilement pénétrées par les liquides exhalés, sont celles qui se trouvent le plus fortement affectées dans le scorbut. Les données de cette théorie sont telles, que l'étiologie, la nature et le traitement de cette maladie, en découlent d'une manière rationnelle et positive.

L'observation microscopique prouve que l'action de l'eau sur le sang est de dissoudre ce fluide, surtout sa partie colorante. Cette action est d'autant plus grande que l'eau est plus pure et sans mélange d'aucune substance. Elle est moindre et finit par disparaître, si l'eau tient en dissolution des sels, des substances animales ou autres en certaine dose. Ce fait, combiné avec d'autres données que nous allons exposer, explique clairement pourquoi l'humidité, et surtout l'humidité froide, est la cause la plus puissante de cette maladie.

L'humidité répandue dans l'atmosphère est de l'eau très-pure; étant donc absorbée par les surfaces pulmonaires et dermoïdes, son action doit être marquée en proportion de la quantité absorbée; l'absorption est à son *maximum* lorsque la température est froide. C'est pour cette raison que l'humidité froide est plus pernicieuse que la seule humidité. D'après les découvertes d'un des physiologistes les plus distingués, cela dépend de ce que l'absorption des surfaces extérieures est plus grande que l'exhalation dans les temps froids, et *vice versâ*. Lorsque la température est chaude, c'est l'exhalation qui l'emporte sur l'absorption. De ce fait il résulte que dans l'hiver et dans les climats froids, le scorbut doit être plus fréquent ; et il doit disparaître ou être rare dans l'été et dans les climats chauds. En effet, l'observation se trouve d'accord avec la théorie. Il est évident que les bons effets de la chaleur sur la transpiration dépendent d'une cause opposée à celle de l'action du froid : ainsi comme la vapeur de l'eau de l'atmosphère est une espèce d'eau distillée, dont l'action est nuisible à la composition du sang, de même, la vapeur transpirée, en emportant très peu de substances salines ou animales, doit produire un effet opposé, en laissant le fluide circulant chargé plus que jamais de substances propres à entretenir sa bonne composition. Ajoutez à cela que dans les temps froids et humides, les urines sont très abondantes, et que dans les temps secs et chauds, elles deviennent très rares ; de sorte que dans l'un des cas, le liquide urinaire dépouille la masse du sang des principes qui devaient neutraliser l'action dissolvante de l'eau ; tandis que dans l'autre cette perte est peu considérable. Combinez ces circonstances avec les effets d'une mauvaise nourriture, et vous aurez la solution du problème. En effet, la mauvaise alimentation ne peut que difficilement fournir les matériaux pour réparer les pertes que subit le sang dans les temps froids et humides ; tandis que la même alimentation dans les temps chauds et secs peut bien suppléer les pertes. On conçoit facilement avec ces données, comment il se fait que les personnes qui mènent une vie sédentaire sont plus facilement affectées que celles qui font un exercice modéré ; les conditions de nourriture se trouvant même en sens opposé, c'est-à-dire moins abondans chez les seconds que chez les premiers. Il en est de même de ceux qui endossent des flanelles, des habits de laine, qui se couvrent bien chaudement pendant le sommeil, et qui entretiennent l'extérieur de leur corps avec les soins de la propreté. Ces moyens en excitant la peau, augmentent la transpiration, empêchent l'action du froid de les frapper, et l'air humide d'être facilement absorbé ainsi. C'est pour cela que les bas-officiers des vaisseaux sont moins exposés à cette affection que les matelots, quoique tous les deux soient obligés de se nourrir des mêmes provisions des vaisseaux. Les bas-officiers sont couchés dans des lits fermés, au moyen d'espèces de rideaux qui les garantissent de l'intempérie de l'air. Ils sont aussi vêtus plus chaudement. De même le paysan russe est garanti du scorbut, parce qu'il s'habille de flanelle chaude, et se couvre la nuit de bonnes peaux de mouton, quoique privé de végétaux frais pendant six mois, et ne mangeant que des mets salés en grande quantité. Le manque de ces moyens produit des effets opposés. Par de semblables raisons, les vieillards sont infiniment plus exposés à cette maladie, que les jeunes gens, et surtout les enfans. La quantité de chaleur et l'énergie de l'exercice musculaire sont plus grands chez les seconds que chez les premiers. Chez les vieillards les fonctions des voies urinaires l'emportent sur celles du derme, tandis que chez les jeunes gens ces dernières fonctions l'emportent en proportion sur les premières.

Un physiologiste qui s'arrêterait à ce point, n'aurait pas encore tout vu, et sa théorie serait par conséquent imparfaite. Il faut ajouter à ces effets de l'humidité de l'air et de la mauvaise nourriture sur le sang, ceux que ces causes produisent sur le tissu vasculaire, ainsi que sur le reste de l'économie animale. Le tissu des parties des organes de la circulation, à mesure que la maladie fait des progrès, se relâche et devient même fragile ; de là les exhalations sero-sanguines, les hémorrhagies plus ou moins abondantes, les infiltrations, et les engorgemens, les tâches livides, la faiblesse musculaire, ainsi que la cachexie universelle. Quelque point de l'organisme où de tels effets ont lieu, finissent par s'enflammer ou s'ulcérer. Enfin, comme le système nerveux est un de ceux qui est le plus difficile à s'imbiber par les humeurs exhalées ; ce système au milieu de tant de désordres, conserve l'intégrité de son organisation et de ses fonctions (*a*).

Nous devons dire ici que l'affaiblissement musculaire appelée paralysie par quelques auteurs, est une maladie propre de la fibre musculaire, indépendante de toute affection nerveuse. Si les affections tristes sont une des causes puissantes du scorbut; cela dépend de leur mauvaise influence sur les fonctions nutritives; de même les passions gaies, par une raison opposée, produisent de bons effets sur les scorbutiques. Les auteurs ont considéré comme cause du scorbut les fatigues excessives. D'après ce que nous avons dit, l'exercice musculaire quelqu'en soit le degré, ne peut pas être une cause immédiate de la production du scorbut; mais cela dépend des conditions qui accompagnent et suivent cet exercice pénible; ainsi les troupes qui sont obligées de faire des marches longues et pénibles, après avoir épuisé leurs forces par les fatigues corporelles, par la mauvaise nourriture, et par la perte du sommeil; tout-à-coup arrivées en face de l'ennemi, restent stationaires, couchent au bivouac, exposées à toutes les intempéries de l'air, sont mal nourries, et toujours dans une agitation alarmante. C'est à ce changement qu'on doit attribuer la véritable cause du scorbut, et non pas à l'exercice forcé des muscles. Cet exercice ne peut être considéré tout au plus que comme cause prédisposante, vu la faiblesse où il laisse l'économie animale, pendant que les véritables causes viennent la frapper.

Ainsi l'armée russe qui a tant souffert de cette affection au siége d'Azof, avait fait une marche forcée et pénible par le mauvais temps; harrassés et épuisés, lorsqu'ils furent arrivés à leur destination, les soldats n'avaient presque point de chauffage, et furent exposés à un froid piquant, accompagné de neige. Il en est de même pour les marins; ils ne sont forcés de se livrer aux travaux pénibles, que lorsque les temps orageux viennent agiter les vaisseaux, surtout dans les endroits où les écueils mettent en danger leur existence. Dans ce cas, les matelots, obligés de veiller, toujours, la crainte dans l'âme, sont exposés sur le tillac à être continuellement baignés par les lames d'eau qui se rompent avec impétuosité contre les parois du vaisseau. Lorsque le scorbut ravagea l'escadre de l'amiral *Anson*, au moment où il doublait le cap d'Horn, il avait fait un très-gros temps. Les vaisseaux étaient couverts à chaque instant de lames immenses d'eau. Des vents très-froids, apportant la pluie et la neige, avaient engourdi les membres des matelots. Si l'exercice musculaire pénible n'était pas suivi de l'immobilité de ces organes et de toutes les causes propres à la production du scorbut, il est raisonnable de croire qu'il ne produirait pas cette maladie; puisque l'exercice musculaire anime la circulation et les fonctions perspiratoires. En effet c'est la raison pour laquelle sur les vaisseaux, les soldats sont plus attaqués par cette affection que les matelots, ceux-ci étant obligés d'être continuellement en action, tandis que les premiers font peu d'exercice.

Maintenant il est facile de se convaincre, combien les précautions prophilactiques, et les méthodes curatives, qu'on employait, étaient peu rationnelles.

La vertu des prétendus anti-scorbutiques est appréciée aujourd'hui à sa juste valeur.

» J'ai fait, dit le docteur Lind, pendant plusieurs années, mon unique étude d'observer, » avec une exactitude minutieuse, les effets de » tous les médicamens et de toutes les méthodes curatives recommandées dans cette maladie, en les » soumettant aux meilleures épreuves. Pour cet effet, je ne me suis pas borné à envoyer différens » médicamens pour qu'on les éprouvât à la mer; » j'ai choisi en différens temps dans l'hôpital de » Haslar, un certain nombre de malades auxquels » j'ai administré, sous différentes formes, tous » les remèdes anti-scorbutiques vantés, et principalement les sucs scorbutiques du dispensaire de » Londres, le suc de cochléaria du même dispensaire, le quinquina à grande dose, la décoction » des bois de sassafras et de gayac, l'infusion des » baies de genièvre et les amers stomachiques de » différentes espèces, la décoction et le suc des » sommités de sapin et de pin, etc. Dans la vue de » juger des effets de chacun de ces médicamens, les » malades choisis avaient été séquestrés; on les » veillait avec un soin extrême, afin de les empêcher de manger des végétaux frais, des fruits ou » des racines quelconques, quoique plusieurs d'entre eux n'eussent rien mangé de tout cela depuis » quelques mois: il ne leur était même pas permis de goûter le bouillon d'hôpital. Ils avaient à

» déjeuner du thé avec du beurre et du pain ; à dîner » un léger pudding, et à souper du gruau avec du » pain et du beurre. En comparant journellement » l'état respectif de tous ces malades, j'ai vu avec » surprise qu'ils se rétablissaient assez également ; » et quoiqu'ils fussent privés de végétaux, ils étaient » cependant généralement mieux. Je me suis aussi » appliqué à découvrir l'effet des différens fruits et » des végétaux dans cette maladie. Pour cela, après » avoir interdit aux malades l'usage des autres vé- » gétaux et des autres médicamens, j'ai fait donner à » quelques-uns des salades de cresson d'eau et de » cochléaria ; à d'autres du cresson de jardin, de » l'endive, de la chicorée sauvage et de la laitue ; » certains n'avaient que des fruits mûrs, tels que » des prunes, des pommes, des groseilles, etc. » Mais je n'ai pu découvrir dans aucune de ces » substances, de vertu anti-scorbutique supérieure » à celle des autres, parce que les malades qui en » ont fait usage, n'ont pas été plutôt guéris que ceux » qui prenaient journellement du bouillon de l'hô- » pital, et mangeaient du bœuf bouilli et des légu- » mes. »

La marche égale et progressive vers la guérison, quelsqu'en fussent les moyens employés par Lind, nous porte à penser que la cause principale n'a pas été décrite par cet auteur : savoir le climat, la saison, l'état hygrométrique, et thermométrique de l'atmosphère. Les viandes salées ne produisent pas cette maladie, puisque des peuples entiers se nourrissent de ces substances sans être affectés du scorbut. Ainsi le paysan russe, bien qu'il habite un climat extrêmement froid, qu'il mange une grande quantité de mets salés; que pendant six mois de l'année il n'ait point de végétaux frais, il est rarement attaqué de ce mal. Il est prouvé que les substances qui pèsent à l'estomac, affaiblissent et empâtent l'organisme en le surchangeant de principes qui attirent l'humidité atmosphérique, prédisposent au scorbut qui se manifeste facilement si l'action du froid humide vient s'y ajouter. L'armée russe n'avait pas de provisions salées, malgré cela le scorbut exerçait les plus grands ravages. L'armée abondamment pourvue de bœuf frais, avait en outre des substances farineuses, grossières, un pain très-lourd et une espèce de pudding glutineux, appelé *Kollatschen*. Une chose bien digne d'être notée, c'est que les Bohémiens qui se sont principalement nourris de ce dernier met, ont été presque les seuls attaqués du scorbut. Parmi les causes les plus pernicieuses et les plus puissantes, doit se compter le manque de nourriture; en effet c'est dans le temps de famine, que cette affection fait le plus de ravages. On ne peut pas attribuer non plus cette affection à l'usage des substances putrifiées ou gâtées; puisque cette nourriture, si elle est abondante, cause plutôt des affections aigues, dont la nature est toute autre que celle du scorbut. Les effets du scorbut n'accompagnent ce genre de nourriture que lorsque les influences de l'air froid et humide s'y unissent, et lorsqu'il y a famine ; de même que cela a lieu lorsque toute autre nourriture est peu abondante : ainsi le scorbut a fait des ravages dans une disette parmi les pauvres habitans des villes de l'Italie près les Alpes. Ils ne subsistaient qu'avec quelque décoction de racine, et passaient même des jours entiers sans nourriture. Milman a vu un effet semblable sur de pauvres femmes, qui ne se nourrissaient que d'une petite quantité de pain, et d'une infusion de thé sans lait, et sans sucre.

On ne peut qu'admirer la sagacité prévoyante de l'illustre capitaine Cook, lorsque l'on connaît toutes les précautions qu'il prit pour mettre son équipage hors des atteintes du scorbut ; en effet il mettait les matelots à l'abri des effets du froid et de l'humidité autant qu'il était possible. S'il leur arrivait d'être mouillés, il avait des habits prêts pour les en faire changer. On prenait toutes sortes de précautions pour tenir les hamacs, les habits constamment propres et secs ; et la propreté la plus scrupuleuse était entretenue entre les ponts. Tous les jours de beau temps, les hamacs et les lits étaient portés sur le tillac, et chaque paquet était exposé à l'air. Outre la méthode ordinaire de laver et gratter les ponts, il faisait allumer du feu dans un poële, que l'on transportait successivement dans chaque partie du navire. Sous le cercle polaire antarctique, il avait donné aux matelots des capotes de forte laine avec un capuchon pour défendre leur tête. Il épargnait à ses gens la trop grande fatigue en divisant son équipage en trois parties pour leur faire faire ce qu'on appelle le quart. Outre cela il pourvoyait tout son équipage d'eau fraîche, et il le fournissait de sucre; d'ailleurs les matelots étaient nourris de viande salée, de légumes, etc., provisions ordinaires des vaisseaux. Aux moyens de ces précautions il a préservé son équipage des attaques du scorbut.

En résumé par la nature des symptômes de cette maladie, par sa marche lente, et pour les causes qui la produisent, on peut conclure que cette affection a son premier point de départ dans les changemens lents et successifs, qu'éprouve le fluide sanguin; les différentes parties de l'organisme en sont attaquées selon la facilité qu'elles ont à être pénétrées par les fluides exhalés. Il est superflu d'ajouter ici que l'action de la cause la plus puissante du scorbut, en attaquant le sang, ne change pas d'une manière remarquable sa composition et sa nature apparente. Les globules qui en sont attaqués au fur et à mesure qu'ils se dissolvent, finissent par être entraînés par la sérosité qui s'exhale dans l'intérieur, et par être réabsorbés et chassés au dehors au moyen des émonctoires de l'économie animale, après avoir changé de composition. Delà il résulte que lorsqu'on tire du sang de la veine d'un scorbutique, il ne doit point présenter des différences bien remarquables, dans ses qualités avec le sang ordinaire ; et en effet c'est ce que confirment les observations de Lind.

D'après ce que nous venons d'exposer, cette théorie n'a aucun rapport avec celle du copiste éternel des opinions de ses devanciers, qui se dit être paré d'habits nouveaux, lorsqu'il n'endosse que les haillons de ses prédécesseurs, où il n'a placé que des faux brillans. Forcé de ne pouvoir entrer dans des détails circonstanciés sur le sujet qui nous occupe, cette nouvelle théorie du scorbut sera mieux développée en ses particularités par son auteur même, dans un ouvrage dont il s'occupe depuis long-temps. C'est alors qu'il fera connaître par quel procédé et dans quelles circonstances les diurétiques et les sudorifiques sont utiles; pourquoi le remède de mademoiselle Stéphens, ainsi que les alcalis produisent une action semblable ; pourquoi les femmes y sont plus disposées que les hommes. C'est alors qu'il démontrera l'absurdité de cette prétendue théorie moderne du scorbut, dans laquelle son auteur fait voir qu'il est loin de connaître même les faits les plus vulgaires, en attribuant cette affection à la seule action d'une nourriture gâtée, à la faiblesse du système musculaire, et que les engorgemens œdémateux sont un effet de la stagnation du sang, ainsi qu'on l'observe dans les affections du cœur. On est même étonné de voir que cet auteur considère la masse du sang tellement gâtée, que les propriétés qu'il lui attribue se trouveraient en opposition avec celles observées par Lind. Et enfin il pense que l'unique médicament réellement anti-scorbutique est l'eau de végétation des plantes fraîches; et chose qui étonne plus encore, il avance que ces végétaux manquent en hiver.

Le lecteur ne sera plus surpris lorsqu'il saura que cet auteur est *vitalo-anti-vitaliste*, *brownio-anti-brownien*, *anti-humoro-humoriste*, *topo-pathologo-anti-topo-pathologiste*, *anti-ontologo-ontologiste*, *et enfin physiologo-anti-physiologiste.*

Il est à désirer qu'on ne publie toujours que des productions dignes de la science, et qu'on ne s'empresse pas, comme cet essaim de myrmidons, de faire paraître des travaux inexacts, des ouvrages non médités, des compilations indigestes, des expériences et des observations sans but; enfin les choses les plus incomplètes, pour faire connaître au monde leur obscure existence.

Ils n'envient que les applaudissemens, et les approbations des ignares, et ils n'apparaîssent au jour que pour se plonger à jamais dans le néant d'où ils sont sortis. A la vérité nous devons leur rendre justice; la plupart d'entre eux ne rachètent leur vie que par le trafic d'un pareil métier, et plusieurs de ces messieurs ne font qu'imprimer périodiquement des productions qui décèlent leur ignorance et leur mauvaise foi.

Moyens prophylacitiques.

Je finis cet opuscule en ajoutant quelques remarques hygiéniques.

Il serait à souhaiter que l'administration municipale de l'île, qui jouit des avantages d'être sous les auspices protecteurs du gouvernement anglais, tachât d'améliorer le sort des habitans, en faisant disparaître les causes qui rendent insalubre l'air de cette île. Cette entreprise philantropique ne pourra qu'être protégée par le gouvernement; entreprise noble, et du succès de laquelle dépendent la conservation de la santé des habitans de l'île, et principalement des troupes qu'on y envoye en garnison; je dis principalement des troupes, car si ces insulaires, accoutumés à respirer un air mal-sain depuis leur naissance, en sont incommodés, combien, à plus forte raison, doivent en souffrir les hommes qui arrivent à Sainte-Maure pour la première fois.

Pendant mon séjour dans cette île, j'ai été plus que personne à portée de me convaincre de cette vérité; voici quelques moyens qui pourraient contribuer à faire réussir une telle entreprise: 1° Il faudrait donner une pente facile et convenable au terrain pour l'écoulement des eaux vers la mer, et empêcher ainsi leur stagnation. Si cela n'était pas possible, dans tous les cas on pourrait diminuer leurs effets pernicieux dans les lieux où il y a des sources, en faisant traverser les marécages par les eaux courantes; car alors, leur mouvement et leur renouvellement perpétuels, entraîneraient en grande partie les matières en putréfaction qui s'y trouvent déposées. 2° Planter des arbres aux environs des lieux marécageux; les végétaux purifient l'air des principes mal-sains qu'il renferme, et le rendent salubre; d'un côté, en absorbant l'acide carbonique, et plusieurs gaz qui s'exhalent des matières animales et végétales en putréfaction; de l'autre, en enrichissant l'atmosphère de gaz oxigène qui se dégage sous l'influence des rayons du soleil. La plantation d'arbres dans l'île du côté opposé au golfe de l'Arta, ne devra pas être oubliée. A ces précautions principales, il faut ajouter la propreté des rues et des habitations.

Un des plus grands inconvéniens produits par l'inhumation des cadavres dans l'île Sainte-Maure, mérite d'attirer l'attention de l'administration municipale : l'humidité naturelle du sol ainsi que de l'atmosphère et la chaleur du climat sont les élémens qui favorisent la putréfaction. Pour empêcher ces tristes effets il n'y a qu'à imiter les usages des nations civilisées, d'après lesquelles on n'ensevelit les cadavres que dans les lieux bien aérés, élevés et loin des habitations; tandis qu'à Sainte-Maure on dépose les cadavres dans l'intérieur des villes. De semblables précautions méritent d'être également pratiquées à l'égard des animaux morts, qu'on laisse par une négligence très répréhensible putréfier dans les rues. La nourriture devrait aussi être prise en considération chez un peuple qui, au lieu d'imiter ses ancêtres, accoutumés à vivre selon les lois de la nature, ne fait que suivre un régime inconséquent et insalubre. Pendant le cours de l'année les habitans de l'île changent six fois de régime. Passant d'un extrême à l'autre, ils se nourrissent avec une telle parcimonie, en suivant pendant un temps un régime austère, que leur constitution tombe dans un abattement extrême ; tandis qu'avant et après ce temps ils vivent dans la plus grande intempérance, laquelle ne peut être que nuisible à leur santé. Ainsi par exemple, vers la fin de l'été, ils ne mangent que des herbes mal saines et peu nourrissantes ; tandis qu'au milieu de cette saison et au commencement de l'automne ils vivent sans règle et sans modération. Ils se livrent aussi à de semblables déréglemens vers la fin de l'automne et de l'hiver.

Il faudrait tacher de faire sortir les habitans de cette espèce de paresse dans laquelle ils languissent, et qui absorbe toute leur vie, en les engageant à se livrer à des travaux utiles propres à fortifier le corps et à donner de la vigueur à l'esprit. Il serait nécessaire d'indiquer aux pauvres habitans de la campagne qui se livrent à des travaux pénibles, la véritable conduite qu'ils devraient tenir pour éviter les effets mal sains de l'air ; pendant la nuit par exemple, ils ne devraient point rester dans les lieux marécageux, ni dans leur voisinage, et pendant le jour ils ne devraient s'y rendre qu'après le lever du soleil. Enfin une des causes qui empêche l'entier développement de leur corps, doit être attribuée à un préjugé nuisible, qui commande d'envelopper et de serrer fortement les nouveaux nés dans des maillots. C'est encore une des causes qui doit contribuer le plus à la mauvaise conformation de la poitrine.

A l'égard des troupes, il faudrait que le gouvernement n'envoyât des garnisons que dans l'hiver, afin de donner à l'organisme du soldat le temps de s'acclimater et d'être ainsi moins exposés aux exhalaisons pernicieuses, qui ont lieu pendant la chaleur. Il serait à désirer que les casernes fussent situées dans des lieux aérés et élevés. On pourra en même-temps purifier l'air dans les casernes, en faisant usage des moyens désinfectans. Il est superflu d'ajouter que pour tenir le corps du soldat robuste, l'exercice ne peut lui être qu'utile. Nous devons surtout recommander que les chefs de l'armée veillent à ce qu'on donne une nourriture saine aux troupes, et que la boisson du soldat ne soit pas gâtée par l'avidité des marchands. A l'égard de l'eau nous devons remarquer que celle des sources de la ville d'Amaxachie est peu salubre, et qu'il serait mieux de ne se servir que de l'eau de pluie rassemblée dans les citernes.

Puissent ces observations être de quelqu'utilité, soit à l'armée, soit aux habitans d'une île autrefois célèbre; je me trouverai heureux de leur avoir ainsi payé un léger tribut de reconnaissance.

NOTE.

(*a*) Dans un temps où tout le monde se mêle de parler du système nerveux à tort et à travers, et même sans ménagement pour la vérité, il n'est pas hors de propos de dire quelques mots à cet égard. Il n'y a pas long-temps que nous avons vu apparaître un fameux historien d'une poule plus fameuse encore que son *créateur*. Nous consignons ici son histoire célèbre par sa nouveauté, et par l'approbation qu'elle a reçue d'un grave académicien, qui fait de l'anatomie et de la physiologie comparée, et même de la géognosie mystique pour les bonnes femmes.

« On ne peut se faire d'idée claire sur l'instinct, dit-il, qu'en ad-
» mettant que ces animaux (les insectes) ont dans leur sensorium
» des *images* ou *sensations innées* et constantes, qui les déterminent à
» agir, comme les sensations ordinaires et accidentelles determinent
» communément. C'est une sorte de *rêve* ou de *vision qui les pour-*
» *suit toujours; et dans tout ce qui a rapport à leur instinct,* on peut
» les regarder comme des espèces de *somnambules.* »

Et ailleurs :

« Mais la quantité de respiration des oiseaux est encore supérieure
» à celle des quadrupèdes, parce que non-seulement ils ont une cir-
» culation double et une respiration aérienne, mais encore parce
» qu'ils respirent par beaucoup d'autres *cavités* que le poumon, l'air
» pénétrant par tout leur corps et *baignant les rameaux de l'aorte ou*
» *artère du corps*, aussi bien que ceux de l'artère pulmonaire, etc., etc. »

Malgré cela, les productions de cet académicien ne sont pas goûtées par les véritables savans.

Revenons à la mémorable histoire de la poule, vivant sans cerveau, histoire dont l'*authenticité* est aujourd'hui hors de toute contestation.

« La belle et vigoureuse poule, dit son poétique *inventeur*, pri-
» vée de ses deux lobes cérébraux, a vécu dix mois entiers dans la plus
» parfaite santé, et vivrait sûrement encore, ajoute-t-il, si, au
» moment de mon retour à Paris, je n'avais été obligé de l'aban-
» donner. »

» Durant tout ce temps, je ne l'ai pas perdue un seul jour de vue;
» j'ai passé, chaque jour, bien des heures à l'observer; je l'ai étudiée

5

» dans toutes ses habitudes ; je l'ai suivie dans toutes ses démarches, » j'ai noté toutes ses allures... »

Il est fâcheux qu'après tant de soins, l'expérimentateur ait abandonné si durement sa poule chérie au moment qu'elle s'était si bien familiarisée avec lui. Il est à croire que la malheureuse poule en est morte de chagrin.

» Le premier jour, la poule n'offrit rien de remarquable, si ce » n'est qu'elle portait en arrière et cachait sa tête sous les plumes » du bord supérieur de son aile : elle était dans l'attitude d'une » poule qui dort d'un sommeil plein et profond, de sorte que si on » l'excitait brusquement, elle s'éveillait comme en sursaut.

» Le lendemain elle sort peu du sommeil où elle est plongée ; et » quand elle en sort, c'est avec toutes les allures d'une poule qui se » réveille.

» Elle secoue la tête, agite ses plumes, quelquefois même les ai- » guise et les nétoie avec le bec ; quelquefois elle change de patte, » car souvent elle ne dort que sur une seule.... »

Le peintre des allures de cette poule admirable, craignant que le lecteur ne se forme pas une idée claire de son réveil par cette description, en offre un tableau poétique par une comparaison digne d'éveiller tous ceux qui ont envie de s'endormir. La voici cette brillante comparaison.

» Dans tous ces cas, continue-t-il, on dirait un homme endormi » qui change de place, se repose en une autre de la fatigue occasio- » née par la précédente, en prend une plus commode, souvent s'é- » tend, allonge ses membres, bâille, se secoue un peu, se rendort, » ou reste ainsi assoupi.... »

Soupire, étend les bras, ferme l'œil et s'endort.

En un mot la poule offrait toutes les façons d'un fainéant qui s'endort pour n'avoir rien de mieux à faire. Nous ne savons pas si l'éducateur de cette poule ne lui fit pas administrer une bonne tasse de café pour empêcher qu'elle ne prît de mauvaises habitudes..... Continuons.

» Le troisième jour, la poule n'est plus aussi calme qu'à l'ordi- » naire. Elle va et vient, mais sans motif et sans but ; et si elle « rencontre un obstacle sur son chemin, elle ne sait ni l'éviter ni

» s'en détourner. Ses caroncules sont rouge-de feu, sa peau brûlante ; » une fièvre aiguë la dévore.

» Du reste, ajoute-t-il, nul signe de convulsions, nulle désharmonie dans les mouvemens, et deux jours après il n'y a plus ni » agitation ni fièvre. »

Et notez qu'à la suite d'une si grande blessure, la poule n'a éprouvé, les deux premiers jours, aucun symptôme inflammatoire; ce n'est donc que le troisième jour que l'inflammation s'est développée dans la moelle alongée, puisque les hémisphères cérébraux avaient été retranchés ; et cette inflammation n'a causé que de l'agitation!... *La poule*, selon l'exact historien, *allait et venait, sans but et sans motif, et, si elle rencontrait un obstacle sur son chemin, elle ne savait l'éviter.* Sont-ce là les symptômes d'une véritable inflammation de la moelle allongée? Si cela est, cette poule était une poule privilégiée, et son histoire est singulièrement romantique. « En effet, » *je n'ai jamais vu de* poule *plus grasse* ni *plus fraîche que celle-ci*, » je l'ai laissée *jeuner*, continue-t-il, à plusieurs reprises, jusqu'à « *trois jours entiers* » etc. etc.

Quelle poule admirable! elle jouissait de prérogatives particulières, et cela était dû à l'ablation des lobes cérébraux. Réellement, c'est une découverte précieuse pour les *Apicius*; une poule sans cerveau s'engraisser, devenir fraîche! c'est un procédé plus utile qne celui indiqué pour engraisser le foie des oies, c'est un service que notre expérimentateur a rendu aux gastronomes, et qui a été apprécié et récompensé à juste titre.

On dit que lorsque l'histoire de cette poule a été publiée avec privilège et approbation, et même ornée d'un laurier triomphal, une fermière de la connaissance d'un bon gourmet à *teint vermeil* et à *corps engraissé*, a fait enlever le cerveau à toutes ses poules, espérant les voir grasses et fraîches, charmer les yeux, et réjouir les estomacs; mais quelle a été sa surprise, en voyant qu'en très-peu de jours, toute sa basse-cour a été dépeuplée.

Il serait curieux de consigner encore ici l'observation faite par un Don Quichotte d'une certaine école, selon les expressions d'un savant journaliste, lequel Don Quichotte, à la manière d'un rustre à peau de vilain, en donnant sans aucun ménagement de rudes coups de marteau, a fracassé une moelle alongée, et, chose admirable! il a cru observer les effets d'une maladie qui, en séparant toute communication de l'encéphale avec la moelle épinière, n'a dérangé aucunement les rapports de fonctions ; la véracité d'une telle observation est authentique, parce que, dit-on, elle a été faite sous les yeux d'un personnage plus illustre et mieux connu parmi les galans de salons que dans le monde savant.

Nous ne citerons pas ici les travaux de cet expérimentateur qui en irritant mollement la moelle épinière fait éjaculer les cabiais ; et connu d'ailleurs pour détruire impitoyablement les chiens, les chats, les rats et les souris.

FIN.

TABLE DES MATIERES.

FIN DE LA TABLE.

ERRATA.

PAGE 7,	LIGNE	2.	Éqoque; *lisez*, époque.
id.,	—	15.	Prolongent; *lisez*, prolonge
id.,	—	25.	Viande; *lisez*, chair.
14,	—	26.	Poulmonaire; *lisez*, pulmonaire.
15,	—	3.	Atapisse; *lisez*, tapisse.
16,	—	21.	Genevée; *lisez*, produite.
17,	—	23.	Cette complication; *lisez*, cette affection.
20,	—	4.	Qui; *lisez*, qu'il.
22,	—	12.	Où; *lisez*, ou.
id.,	—	25.	Eutropium; *lisez*, ectropium.
32,	—	17.	Cette saisons; *lisez*, ces saisons.
39,	—	5.	Du peritoine de l'estomac; *lisez*, du peritoine, de l'estomac.
60,	—	1.	Prophylacitiques; *lisez*, prophylatiques.

1 no 10.17 $\frac{1}{2}$ m 12

www.ingramcontent.com/pod-product-compliance
Ingram Content Group UK Ltd.
Pitfield, Milton Keynes, MK11 3LW, UK
UKHW020209200726
13856UKWH00004B/1276